优秀技术工人
百工百法丛书

吴亚军工作法

高铁道岔五步整治

中华全国总工会 组织编写

吴亚军 著

中国工人出版社

技术工人队伍是支撑中国制造、中国创造的重要力量。我国工人阶级和广大劳动群众要大力弘扬劳模精神、劳动精神、工匠精神，适应当今世界科技革命和产业变革的需要，勤学苦练、深入钻研，勇于创新、敢为人先，不断提高技术技能水平，为推动高质量发展、实施制造强国战略、全面建设社会主义现代化国家贡献智慧和力量。

——习近平致首届大国工匠创新交流大会的贺信

优秀技术工人百工百法丛书

铁路卷

编委会

序

党的二十大擘画了全面建设社会主义现代化国家、全面推进中华民族伟大复兴的宏伟蓝图。要把宏伟蓝图变成美好现实，根本上要靠包括工人阶级在内的全体人民的劳动、创造、奉献，高质量发展更离不开一支高素质的技术工人队伍。

党中央高度重视弘扬工匠精神和培养大国工匠。习近平总书记专门致信祝贺首届大国工匠创新交流大会，特别强调“技术工人队伍是支撑中国制造、中国创造的重要力量”，要求工人阶级和广大劳动群众要“适应当今世界科技革命和产业变革的需要，勤学苦练、深入钻研，勇于创新、敢为人先，不断提高技术技能水平”。这些亲切关怀和殷殷厚望，激励鼓舞着亿万职工群众弘扬劳模精神、劳动精神、工匠精神，奋进新征程、建功新时代。

近年来，全国各级工会认真学习贯彻习近平总书记关于工人阶级和工会工作的重要论述，特别是关于产业工人队伍建设改革的重要指示和致首届大国工匠创新交流大会贺信的精神，进一步加大工匠技能人才的培养选树力度，叫响做实大国工匠品牌，不断提高广大职工的技术技能水平。以大国工匠为代表的一大批杰出技术工人，聚焦重大战略、重大工程、重大项目、重点产业，通过生产实践和技术创新活动，总结出先进的技能技法，产生了巨大的经济效益和社会效益。

深化群众性技术创新活动，开展先进操作

法总结、命名和推广，是《新时期产业工人队伍建设改革方案》的主要举措。为落实全国总工会党组书记处的指示和要求，中国工人出版社和各全国产业工会、地方工会合作，精心推出“优秀技术工人百工百法丛书”，在全国范围内总结100种以工匠命名的解决生产一线现场问题的先进工作法，同时运用现代信息技术手段，同步生产视频课程、线上题库、工匠专区、元宇宙工匠创新工作室等数字知识产品。这是尊重技术工人首创精神的重要体现，是工会提高职工技能素质和创新能力的有力做法，必将带动各级工会先进操作法总结、命名和推广工作形成热潮。

此次入选“优秀技术工人百工百法丛书”作者群体的工匠人才，都是全国各行各业的杰出技术工人代表。他们总结自己的技能、技法和创新方法，著书立说、宣传推广，能让更多人看到技术工人创造的经济社会价值，带动更多产业工人积极提高自身技术技能水平，更好地助力高质量发展。中小微企业对工匠人才的孵化培育能力要弱于大型企业，对技术技能的渴求更为迫切。优秀技术工人工作法的出版，以及相关数字衍生知识服务产品的推广，将对中小微企业的技术进步与快速发展起到推动作用。

当前，产业转型正日趋加快，广大职工对于技术技能水平提升的需求日益迫切。为职工群众创造更多学习最新技术技能的机会和条件，传播普及高效解决生产一线现场问题的工法、技法和创新方法，充分发挥工匠人才的“传帮带”作用，工会组织责无旁贷。希望各地工会能够总结、命名和推广更多大国工匠和优秀技术工人的先进工作法，培养更多适应经济结构优化和产业转型升级需求的高技能人才，为加快建设一支知识型、技术型、创新型劳动者大军发挥重要作用。

中华全国总工会兼职副主席、大国工匠

高凤林

作者简介
About The Author

吴亚军

1973年出生，中国铁路广州局集团有限公司怀化电务段怀化高铁信号车间铁路信号工，高级技师。

曾获“全国五一劳动奖章”“全国铁路劳动模范”“火车头奖章”“全路技术能手”“湖南省沪昆高铁湖南段建设先进个人二等功”“广铁工匠”等荣誉和称号。

近30年来，吴亚军扎根湘西山区，为铁路建设贡献力量。他创建了吴亚军劳模和工匠人才创新工作室，2023年成立了吴亚军铁路信号工广铁技能大师工作室。他秉持“干一行爱一行，爱一行就必须专一行”的敬业精神，专注高速铁路道岔整治、创新团队培育，把全部的精力和热情投入工作中，用极致的精神维护保养优质信号设备，以一丝不苟的工作态度和精湛的业务技术得到同行的认可。

开拓创新，精益求精，
守护高铁安全每一程！

目　　录
Contents

引 言
Introduction

在高速发展的铁路系统中，道岔作为确保列车安全、高效运行的关键设备，其重要性不言而喻。特别是在高速铁路领域，道岔的性能直接关系到行车安全、运输效率以及乘客的舒适度。然而，随着铁路网络的不断扩展和运营强度的增加，道岔设备也面临诸多挑战，如磨损加剧、性能下降、故障频发等。因此，探索一套科学、高效的道岔整治工作法，对于提升铁路运营质量、保障行车安全具有重大意义。

为了提高职工的标准化作业流程，提高道岔维护整治的技能，保障运输秩序，全面提升高铁设备质量，保证高铁运输安全，吴亚军及其团队总结提炼出一套高铁道岔“看、听、测、调、整”五步整治工作法。

该套工作法以问题为导向，通过精细化的管理和技术手段，有效提升了道岔的整治效果，为铁路安全运营提供了有力保障。通过近年来相继对管内多组道岔全面精调，对病害道岔进行数次精调和病害整治，使道岔质量明显提高，有效提高了道岔运用质量。吴亚军高铁道岔五步整治工作法的推广运用，为高铁道岔整治提供了一套科学、有效的整治方法，在服务安全生产大局中发挥了积极作用。

第一讲

高铁道岔概述

道岔是把一条轨道分支为两条或两条以上的轨道，使机车车辆由一条线路转往另一条线路的基本设置。随着高速铁路技术的飞速发展，道岔作为铁路信号与控制系统的重要组成部分，其技术复杂性和维护难度日益增加。传统的道岔维护模式已难以满足现代铁路运营的需求，迫切需要一种更加科学、系统、高效的整治方法。

一、认识道岔

1. 道岔的作用

如在车站、编组站大量铺设道岔，可以充分发挥线路的通过能力。即使是单线铁路，通过铺设道岔，修筑一段大于列车长度的叉线，也可以对开列车。

2. 道岔的特点

由于具有构造复杂、使用寿命短、限制列车速度、行车安全性低、养护维修投入大等特点，道岔与曲线、接头并称为轨道的三大薄弱环节。

3. 道岔组成

辙叉（尖轨、心轨）提速道岔包含：可动尖轨、基本轨、可动心轨、翼轨及限位防爬器等相关配件。

岔枕包含：有砟道岔的岔枕组、无砟道岔的整体道床，其中有砟道岔的岔枕组又分为水泥枕、钢岔枕。

转辙设备包含：转辙机、转换锁闭器、转辙机机内锁闭、尖轨钩型外锁（锁钩、锁闭动作杆、锁闭铁、锁闭框及尖轨连接铁配件组成等）、HRS 钩型外锁闭装置、科吉富道岔外锁装置（一机多点牵引，尖轨联动外锁）、道岔安装装置（表示杆、尖轨连接铁、转辙机安装托板及相应螺杆配件等）。

二、道岔的分类

1. 单开道岔

单开道岔为 r 形（如图 1 所示），即道岔开向只有直向和侧向两个方向。

图 1　单开道岔

2. 双开道岔

双开道岔为 Y 形（如图 2 所示），即与道岔相衔接的两股道向两侧分岔，该道岔无直向方位。

图 2　双开道岔

3. 三开道岔

三开道岔为 Ψ 形（如图 3 所示），同时衔接三股道，由两组转辙机械操纵两套尖轨。

图 3　三开道岔

4. 复式交分道岔

复式交分道岔为 X 形（如图 4 所示），实际上相当于四组单开道岔和一副菱形交叉的组合。

图 4　复式交分道岔

5. 道岔开向

道岔开向分为左开道岔、右开道岔（如图 5 所示），即面对尖轨侧向在直向的左侧即为左开道岔，同理在右侧即为右开道岔。

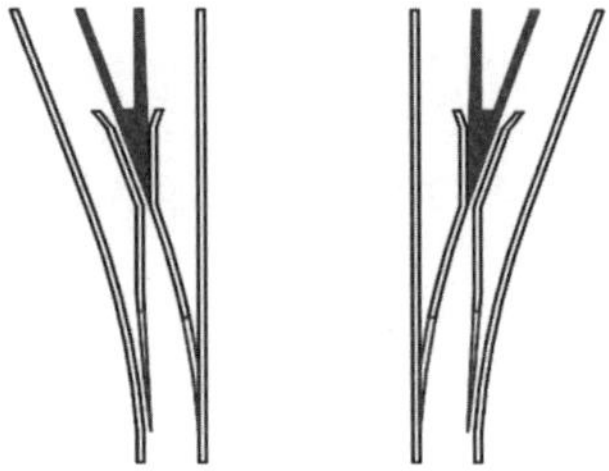

图 5　道岔开向

三、道岔的型号

1. 道岔的编号

用阿拉伯数字从车站两端由外向里依次编号，上行（驶向北京方向）列车到达一端用双数，下行（驶离北京方向）列车到达一端用单数。

如：沪昆高铁怀化南站，以站场中心分界 1# 道岔在北京侧、2# 道岔在昆明侧。

2. 道岔的号数

道岔的号数等于辙叉心处角度的余切值，现

场通常定义为通过道岔的容许通过速度。道岔的容许通过速度分为直向和侧向两种。

如：①专线 C6D08 – 专线 4249　60kg/m 钢轨 12 号单开道岔

厂家产品销售代码：C6D08；

设计图号：专线 4249；

道岔直向容许通过速度：旅客列车为 V≤160km/h；

货物列车当轴重为 23t 时，V ≤ 90km/h ；

当轴重为 25t 时，V ≤ 80km/h ；

道岔侧向容许通过速度：V ≤ 50km/h ；

辙叉钢轨型号：60kg/m ；

道岔号数：12 号。

②客专线 C6D001（07）004-250-60-18 有砟单开道岔

厂家产品销售代码：C6D001；

设计图号：客专线（07）004；

道岔直向容许通过速度：旅客列车为 250km/h；

货物列车当轴重为 23t 时，V=120km/h；

道岔侧向容许通过速度：80km/h；

辙叉钢轨型号：60kg/m；

道岔号数：18 号。

③ C6D002– 客专线（07）009-350-60-18 号无砟单开道岔

厂家产品销售代码：C6D002;

设计图号：客专线（07）009;

道岔直向容许通过速度：350km/h；

道岔侧向容许通过速度：80 km/h；

辙叉钢轨型号：60kg/m；

道岔号数：18 号。

3. 道岔号数区分

9 号、12 号、18 号、30 号、41 号、42 号、50 号、62 号等是道岔号数，即产品型号。这个代号不是随便排列的，它实际上代表了辙叉角（α）的余切值，也就是辙叉心部分直角三角形两条直角边 FE 和 AE 的比值，即 $\cot\alpha=FE/AE$，N 就是道岔号数。显而易见，辙叉角 α 越小，N 值就越大，导曲线半径也越大，列车侧线通过道岔时就越平稳，允许过岔速度也就越高。

也可以根据道岔长度对道岔号数进行区分，一般 9 号道岔全长为 30 多米，12 号道岔为 40 多米，18 号道岔为 60 多米，30 号道岔为 100 多米。采用大号道岔对于列车运行是有利的，但是道岔号数越大，道岔越长，造价自然就高，占地也就越多。因此，采用什么号数的道岔要因地制宜，因线而异，不可一概而论。

注意看道岔标记，一般厂家在生产时会在道岔某一部位做产品标记，比如在尖轨前端轨腰处做标记牌，上面有产品名称及一些主要参数，或者在可动心轨辙叉前端翼轨处做产品标记，如果辙叉为整铸辙叉一般在其侧面铸有产品型号。

4. 钢轨区分

钢轨通常按照每米重量来划分。如 43 轨即 43kg/m，50 轨即 50kg/m，60 轨即 60kg/m，70 轨即 70kg/m。

因钢轨的每米重量不同，相应的承载力也不同，使用场景也相应改变，如大秦线开通万吨级别运煤专列，钢轨即使用的是 70 轨。

5. 道岔外锁装置特征解析

下文以客专线（07）010WG 外锁主要零部件标记及特征为例（见表 1）简单介绍外锁装置的一些特征。

如心一锁钩标记“左开 18KZ4L”，其中“18”代表的是 1/18；“KZ”代表的是客专；“4”代表的是第 4 牵引点；“L 或 R”分别代表的是左开或右开；“直股侧 Z 曲股 Q”锁钩头面上标记的 Z 在直股侧，Q 则在曲股侧，锁钩两头不能装反。

尖轨锁框可以通用，不分左右；心轨锁框

表 1　外锁闭装置［图号：客专线（07）010WG］主要零部件标记及特征（正线 5 点牵引）

<table>
<tr><th colspan="2">牵引点</th><th>锁闭杆组</th><th>锁钩</th><th colspan="3">锁闭框</th><th>锁闭铁</th><th colspan="3">限位耐磨板</th><th>备注</th></tr>
<tr><td rowspan="2">尖轨一动</td><td>标记</td><td>18KY1</td><td>18KY1</td><td colspan="3">18KY</td><td>18KY</td><td colspan="3">客专线（05）003W.1.3-1</td><td></td></tr>
<tr><td>特征尺寸</td><td>L=2217
L_1=1331
B=120</td><td>L=300
L_1=150
B=119</td><td colspan="3">直框</td><td>H=13
H1=18
α=127°</td><td colspan="3">尖轨前后各一，心轨前一</td><td>限位块无定位销</td></tr>
<tr><td rowspan="2">尖轨二动</td><td>标记</td><td>18KY2F</td><td>18KY2</td><td colspan="3">同尖一</td><td>同尖一</td><td colspan="3">同尖一</td><td></td></tr>
<tr><td>特征尺寸</td><td>L=2191
L_1=1375
B=144</td><td>L=306
L_1=110
B=143</td><td colspan="3">同尖一</td><td>同尖一</td><td colspan="3">同尖一</td><td></td></tr>
<tr><td rowspan="2">尖轨三动</td><td>标记</td><td>18KY3</td><td>18KY3</td><td colspan="3">同尖一</td><td>同尖一</td><td colspan="3">同尖一</td><td></td></tr>
<tr><td>特征尺寸</td><td>L=2215
L_1=1447
B=110</td><td>L=325
L_1=80
B=140</td><td colspan="3">同尖一</td><td>同尖一</td><td colspan="3">同尖一</td><td></td></tr>
<tr><td rowspan="6">心轨一动</td><td rowspan="3">标记</td><td rowspan="3">18KZ4</td><td rowspan="3">左开 18KZ4L
右开 18KZ4R
直股侧 Z 曲股 Q</td><td></td><td>左侧</td><td>右侧</td><td rowspan="3">18KZ4</td><td></td><td>左侧后</td><td>右侧后</td><td rowspan="3"></td></tr>
<tr><td>左开</td><td>18KZ4LL</td><td>18KZ4LR</td><td>左开</td><td>18SY4LL</td><td>18SY4LR</td></tr>
<tr><td>右开</td><td>18KZ4RL</td><td>18KZ4RR</td><td>右开</td><td>18SY4RL</td><td>18SY4RR</td></tr>
<tr><td rowspan="3">特征尺寸</td><td rowspan="3">L=980
L_1=297
L_2=350</td><td rowspan="3">L=639
L_1=419
L_1=342</td><td></td><td>左侧</td><td>右侧</td><td rowspan="3">H=10
H1=11
α=122</td><td></td><td>左侧后</td><td>右侧后</td><td rowspan="3">锁闭铁安装螺栓 M20X105 防松螺栓 4 条</td></tr>
<tr><td>左开</td><td>L_1=52.5
L_2=57.5</td><td>L_1=54
L_2=56</td><td>左开</td><td>L_1=22.4
L_2=17.6</td><td>L_1=21.2
L_2=18.8</td></tr>
<tr><td>右开</td><td>L_1=56
L_2=54</td><td>L_1=57.5
L_2=52.5</td><td>右开</td><td>L_1=18.8
L_2=21.2</td><td>L_1=17.6
L_2=22.4</td></tr>
<tr><td rowspan="6">心轨二动</td><td rowspan="3">标记</td><td rowspan="3">18KY5</td><td rowspan="3">18KZ5</td><td></td><td>左侧</td><td>右侧</td><td rowspan="3">18KZ5</td><td></td><td>左侧后</td><td>右侧后</td><td rowspan="3"></td></tr>
<tr><td>左开</td><td>18KZ5LL</td><td>18KZ5LR</td><td>左开</td><td>18KZ5LL</td><td>18KZ5LR</td></tr>
<tr><td>右开</td><td>18KZ5RL</td><td>18KZ5RR</td><td>右开</td><td>18KZ5RL</td><td>18KZ5RR</td></tr>
<tr><td rowspan="3">特征尺寸</td><td rowspan="3">L=1178
L_1=266
L_2=646</td><td rowspan="3">L=877
L_1=738
B=637</td><td></td><td>左侧</td><td>右侧</td><td rowspan="3">H=10
H1=16.5
α=122°</td><td></td><td>左侧后</td><td>右侧后</td><td rowspan="3">锁闭铁安装螺栓 M20X301 固定螺栓 4 条</td></tr>
<tr><td>左开</td><td>L_1=48
L_2=62</td><td>L_1=57.5
L_2=52</td><td>左开</td><td>L_1=25.5
L_2=14.5</td><td>L_1=18
L_2=22</td></tr>
<tr><td>右开</td><td>L_1=52
L_2=57.5</td><td>L_1=62
L_2=48</td><td>右开</td><td>L_1=22
L_2=18</td><td>L_1=14.5
L_2=25.5</td></tr>
</table>

（续表）

牵引点		动作杆组	尖轨长表示杆	尖轨短表示杆	心轨表示杆	主机托板	辅机托板	备注
尖轨一动	标记（代号）	客专线（05） 003A.1.2	客专线（05） 003A.1.3	客专线（05） 003A.1.4				
	特征尺寸	L=305 ± 25 L_1=220 L_1=260	L=2100 防松螺栓 M20X95	L=1230 防松螺栓 M20X95		见简图		
尖轨二动	标记（代号）	客专线（05） 003A.2.2	客专线（05） 003A.1.3	客专线（05） 003A.1.4				
	特征尺寸	L=370 ± 25 L_1=285 L_1=265	L=2100 防松螺栓 M20X95	L=1230 防松螺栓 M20X95			见简图	
尖轨三动	标记（代号）	客专线（05） 003A.3.2	客专线（05） 003A.3.3	客专线（05） 003A.2.4				
	特征尺寸	L=415 ± 25 L_1=330 L_1=265	L=2200 并联螺栓 M20X110	L=1230 并联螺栓 M20X110			见简图	
心轨一动	标记（代号）	客专线（07） 010A.4.2			客专线（07） 003A.4.3			
	特征尺寸	L=1600 ± 30 L_1=255 L_1=1515			L=1950	见简图		
心轨二动	标记（代号）	客专线（05） 003A.5.2						
	特征尺寸	L=1680 ± 30 L_1=270 L_1=1595					见简图	

动程（mm）：尖轨 160/118/71 心轨 115/57，转撤机动程（mm）：尖轨 220/170/150 心轨 220/150
油管（型号 / 长度 mm）：尖一至尖二 G 型 /6100；尖二至尖三 A/6700；心一至心二 A 型 /4950

标记需要区分道岔开向和安装左右。如表 1 中心一锁闭框左开“18KZ4LL、18KZ4LR”、右开“18KZ4RL、18KZ4RR”分别代表的意思如图 6 所示。

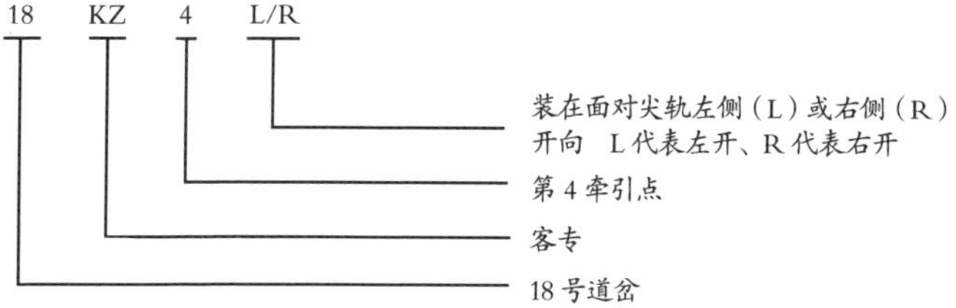

图 6　锁闭框标记含义

各杆件、部件的测量长度及测量方法见外锁闭装置客专线（07）010WG 安装装置主要零部件简图（如图 7 所示）。

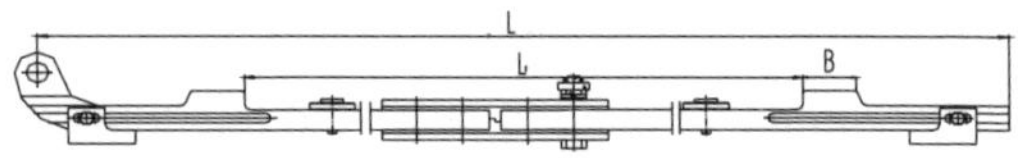

尖轨锁闭杆

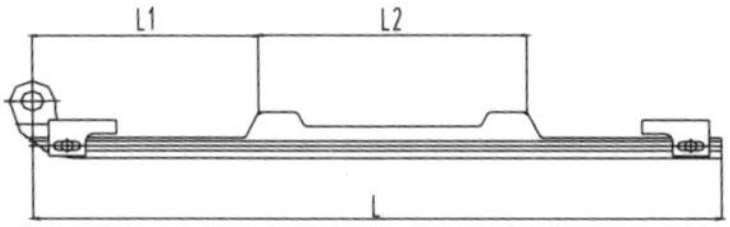

心轨锁闭杆

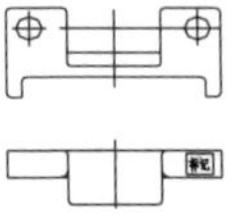

尖轨

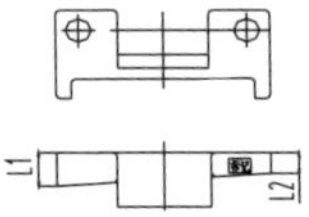

心轨

限位耐磨板（后）

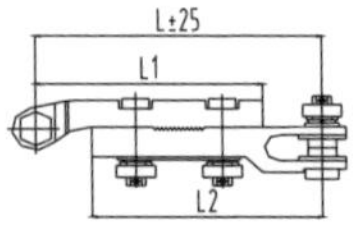

尖轨动作杆

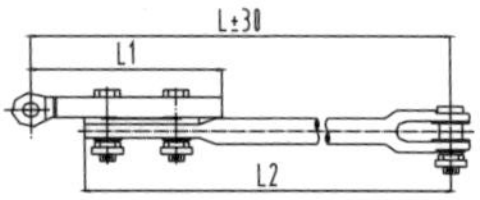

心轨动作杆

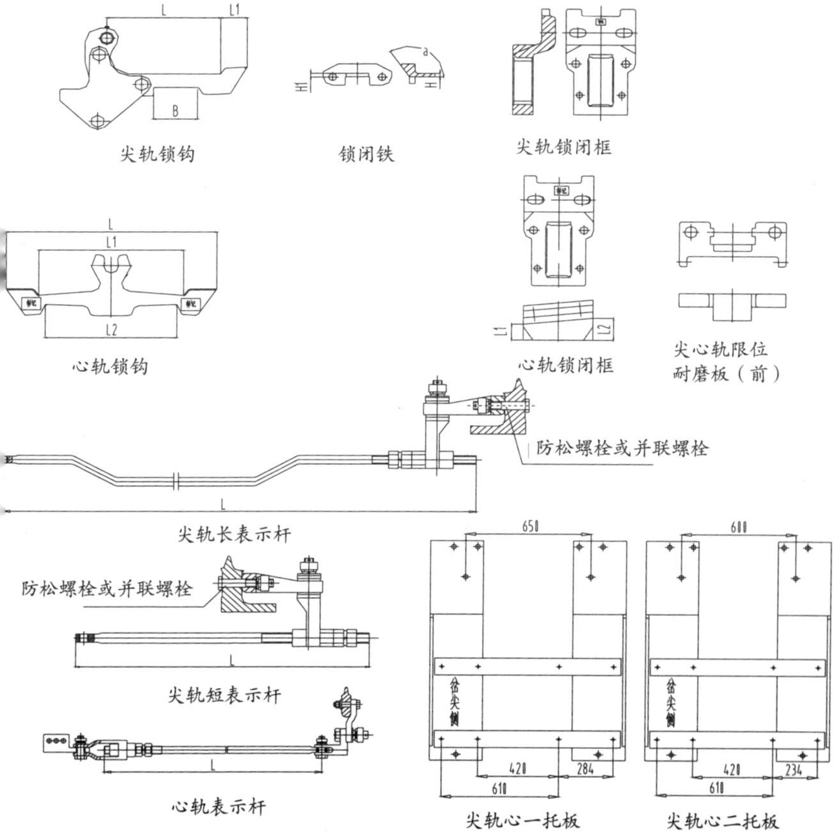

图 7　外锁闭装置客专线（07）010WG 安装装置主要零部件

第二讲

高铁道岔五步整治工作法详解

高铁道岔五步整治工作法是笔者带领团队在长期的施工和维护过程中，不断总结和优化得出的经验。该方法包括 5 个关键步骤：看外观、听声音、测参数、调标准和整病害。

一、看外观

看外观，即看道岔各部件是否“平、顺、滑、洁、紧”，并通过集中监测分析道岔功率动作曲线、油压动作曲线、缺口变化趋势，找出道岔病害的初步原因。

1. 整治前看道岔曲线和缺口

功率动作曲线和油压动作曲线分析完后，将最不良的数据进行拍照，以便到现场后有针对性地进行整治。

分析缺口变化情况，如果变化较大，要分析出缺口最大时和最小时的数据及时间，并在工作记录本中做好记录，以备在检修缺口调整时做参考。

根据分析情况及检修前调查，预想检修如何进行整治，应该带什么材料和仪表。

（1）案例分析

2024 年 5 月 2 日、5 月 5 日某站 ZYJ7 五机牵引道岔两次发生动作到 6.8s 时因卡阻功率曲线突升，超参考曲线 0.23kW。原因是 2#-J1 内外表示杆夹固套固定螺杆卡转辙机壳。

5 月 2 日 13∶22，2#-J 反操定功率曲线突升，在 7.44s 时由原 0.32kW 升高至 0.65kW（如图 8 所示），扳动油压同时段升高至 13.7MPa（如图 9 所示）。

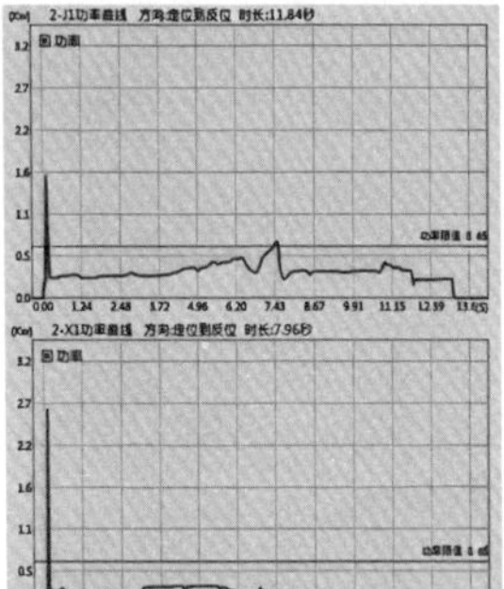

图 8　2#-J 道岔反操定功率曲线

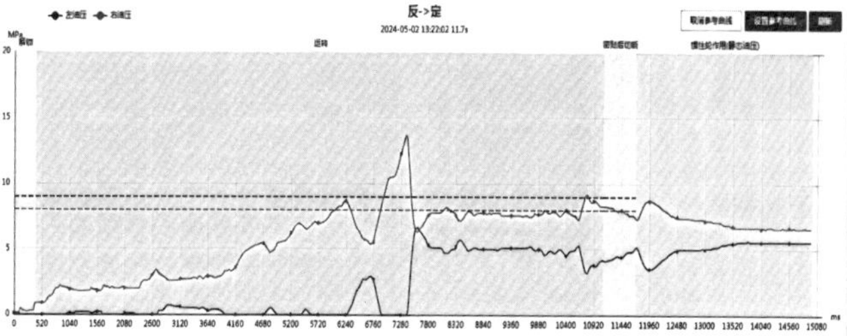

图 9　2#-J 道岔反操定油压曲线

5 月 5 日 11：21，2#-J 再次发生反操定功率曲线突升，由原 0.32kW 升高至 0.65kW，扳动油压同时段升高至 14MPa，和 5 月 2 日曲线变化相似。

通过道岔综合监测系统回放 2# 道岔扳动过程视频，发现 2#-J3、2#-J2 动作 8s 后给出缺口（如图 10 所示），2#-J1 动作 7s 后缺口未给出，判断卡阻位置在 2#-J1（如图 11 所示）。

定位→反位　　定位→反位

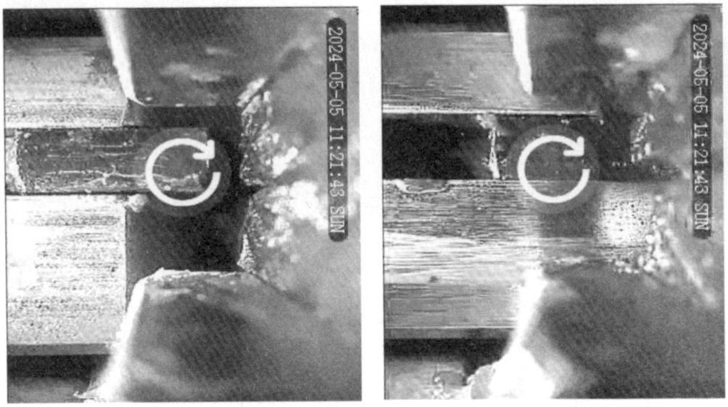

图 10　2#-J3、2#-J2 缺口

定位→反位

图 11　2#-J1 缺口

（2）现场处理

通过回放缺口监测扳动过程视频，确定卡阻位置在 2#-J1，现场检查原因为 2#-J1 内外表示杆夹固套固定螺杆磨卡转辙机壳（如图 12 所示），现场检查发现枕间距也不达标，联系工务对道岔方枕后，2# 道岔功率和油压曲线异常的问题没有重复发生。

图 12　2#-J1 表示杆夹固套固定螺杆与转辙机壳磨卡

（3）案例小结

分动外锁闭道岔表示杆动作与斥离、密贴尖轨动作顺序一致，当一处尖轨受阻无法动作时，与其相对应的表示杆将停止动作。当多机牵引道岔卡阻问题发生时，可通过道岔综合监测系统的振动历史录像回放功能进行分析，可快速、有效地分析出道岔卡阻位置，缩短应急处置时间。

三机牵引道岔要注意调整锁闭顺序，一般锁闭顺序为“1、2、3”或“3、2、1”，曲线分析时，通过电流曲线的锁闭尖波来分析锁闭顺序与标准曲线存在的差异。

在现场处理过程中要针对出现曲线升高时间、来回操动道岔用的时间来判断是哪个牵引点出现的卡阻。

车间加强对关键道岔的巡视和结合部问题的整治，加强对表示杆接头处各部螺栓的检查紧固，预防故障发生。

2. 看道岔各部件是否"平、顺、滑、洁、紧"

"平"就是检查转辙机是否水平（如图 13 所示），保证转辙机外高内低不得大于 2mm。锁闭框、锁闭铁、锁钩尖轨连接铁要保证水平无侧磨（如图 14 所示）。

图 13　转辙机水平高低

图 14　锁钩侧磨

“顺”就是检查道岔操动过程中是否有磨卡，动作杆、锁闭杆是否呈一条直线，尖轨是否存在蛇形运动。

“滑”就是检查道岔辊轮是否作用良好（如图 15 所示），辊轮面磨痕是否均匀，各活动部位油润是否良好。销轴每年注一次白油，转辙机内每年注一次黄油。

图 15 尖轨辊轮作用良好

“洁”就是对各部活动及机内进行清扫，保持无油泥、无污物。对机内动静节点及安全节点进行擦拭，擦拭后一定要检查有无点接触。

（1）J1 机内接点接触不良

2023 年 4 月 8 日某站 226# 道岔反位过车时瞬间中断表示，原因是 J1 机内接点接触不良（如图 16 所示）。

图 16 动静接点接触不良

整改措施有以下几条：

做好机内接点测试。每季度结合道岔开盖巡视，同步完成机内接点压力和接触电阻测试，必须在作业单中明确测试人员，测试结果存工区备查。

更换不良器材。道岔检修、开盖巡视，作业组必须携带接点备品，发现点接触或接触压力等问题时，严禁盲目调整接点片，同时对接点进行更换。

加强监测分析。每日分析必须查看道岔表示电压及动作电流曲线，检查曲线是否有毛刺（如图 17 所示）。

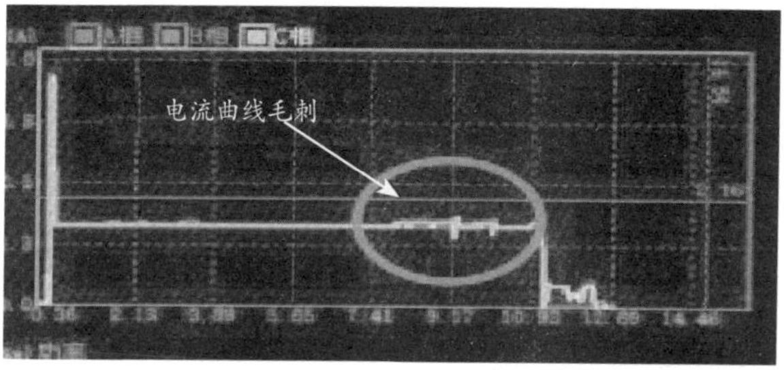

图 17　电流曲线尾部不平滑

“紧”就是检查机内外各部位螺丝并紧固，防松脱是否良好，各部位油管接头有无渗漏。

（2）动接点环窜动导致接点接触不良

2024 年 5 月 23 日某站 12/14# 道岔定位无表示。原因是 12# 道岔尖轨第 1 牵引点转辙机

41-42 动接点开口销折断，动接点环窜动导致接点接触不良（如图 18 所示）。

图 18　动接点开口销折断

整改措施有以下几条：

加强监测分析，对异常曲线道岔要重点检查，优化道岔监测参数设计，同步安排专人负责抽查各级监测浏览分析频次、时长、覆盖面。

加快推进恒压接点更换专项整治，从源头上消除开口销断裂导致接点环脱落的隐患。

二、听声音

听声音，即在道岔转换过程中仔细听设备是否存在异响，听电机转动过程中声音的变化，听道岔锁闭顺序是否同步。

1. 听电机转动声音有无异响

正常操道岔听电机、油泵是否存在异响。如油泵发出“哒哒哒”的异响，提示可能存在油泵损坏。

（1）案例分析

某站 10# 道岔反位无表示，影响 5 列动车组。上道检查发现，10# 道岔尖轨操反位时电机处发出“哒哒哒”的异响，道岔不动作，油压低。立即判断为油泵损坏，更换油泵组后道岔操动正常。

组织厂家对10#尖轨故障油泵组进行入所鉴定，发现以下问题。

拆下转辙机内油泵泵盖检查，发现其内有一个柱塞滑靴脱落，该柱塞进入缸体失去作用，为此造成转辙机不起压无法动作（如图19所示）。

图19 柱塞滑靴脱落

脱落原因为铜材质的滑靴磨耗超标，在其他4根柱塞上也同步发现了因磨耗而产生的铜丝（如图20所示）。

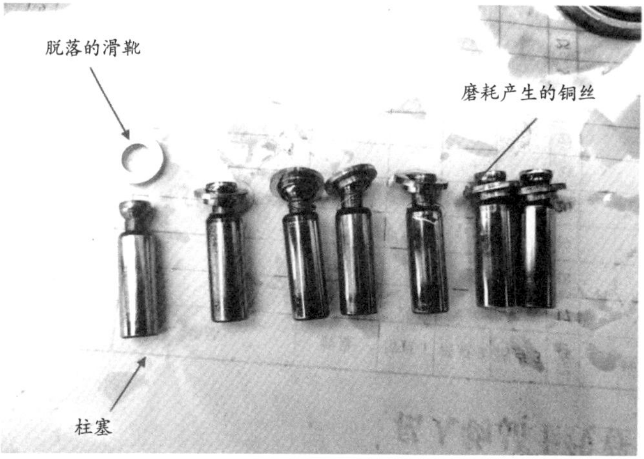

图 20　滑靴磨耗超标

油泵工作时靠滑靴带动柱塞运动，使液压油从低压变成高压，滑靴脱落后，柱塞不能正常运动，造成油泵效率降低，不起压，工作时伴有异响。

（2）案例小结

对使用超过 5 年且日动作频次超过 20 次的道岔优先进行一次排查，其他道岔结合检修开展。

油泵排查方法：①转换时间超过正常转换

时间1s以上；②电操溢流压力低于12.5MPa；③低速手摇（100转/min）溢流压力低于8MPa，或达到8MPa及以上，但有“哒哒哒”的异响；④电操溢流压力达到12.5MPa及以上，但指针摆幅超过1MPa；⑤电操时油泵有“哒哒哒”的异响。其中第②～⑤项要同步检查，满足任一条件就要及时进行更换。

2. 听各部位转换过程中有无异响或抖动

主要听转换过程中道岔的解锁是否同步，道岔是否呈弓形，操动过程中有无卡阻磨卡的声音，听道岔锁闭时有无尖轨其他异响。

（1）案例分析

2024年4月27日某站23#道岔心轨油压曲线报警（如图21所示）。现场检查时发现心尖轨抖动声音大，检查滑床板发现第3块滑床板有明显的划痕（如图22所示）。

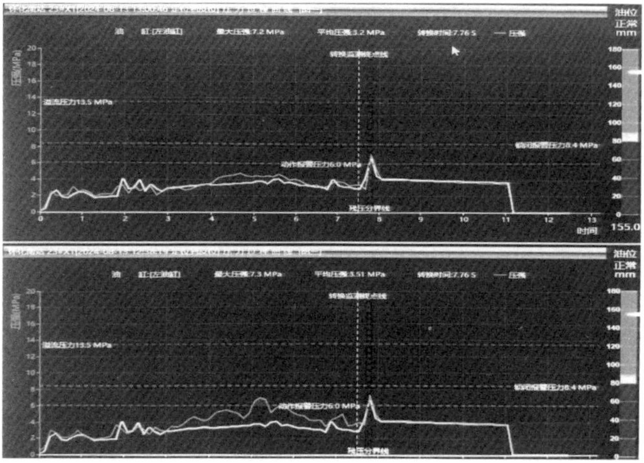

图 21　油压曲线报警

（2）案例小结

①在心轨的日常维护中，需要将周边的油泥、杂物、沙尘等清理干净。

②发现滑床板划痕后要及时进行打磨抛光处理。

③心轨滑床板需要定时油润，监测分析时对曲线异常的要重点检查。

图 22　滑床板划痕

3. 听三点锁闭时动作顺序是否同步

道岔尖、心轨转换通过转辙机带动杆件运动完成，其整个过程受左右、上下通道的限制，一旦这两者任何一处发生了变化或不稳定，就会造成转换受阻。听转辙机锁闭是否按照尖 1、尖 2、尖 3 或尖 3、尖 2、尖 1 的顺序完成，否则尖轨会形成弓形，转辙部位尖轨、基轨，心轨、翼轨有硬弯，轨向及线性不良会引起锁钩轴销与锁闭面有夹角，容易转换受阻。外锁闭道岔要求零锁闭力，无静态阻力，一旦尖心轨存在前后靠、反弹就会破坏设计要求，影响正常调整。

三、测参数

测参数，即结合设计图号及《高速铁路信号设备维护规则》的技术标准，对相应的道岔进行开口、锁闭量、水平、方正、密贴力的测量比对，通过测试动作压力和溢流压力，测试静态拉力和动态拉力，测试工务结合部基础数据，来综合分析道岔是否在技术标准参数范围内。道岔基本参数关系到其是否能正常转换，还关系到工务的基础数据，结合前两步进行数据的比对判断道岔问题所在，也是调试的重要依据。

同时应当建立道岔身份证管理库，对每组道岔建立身份证信息，对道岔的基本型号、图号、出厂日期、上道日期、道岔基本参数等建立数据库，并对道岔的各部位配件更换做好相关记录，便于掌握道岔数据变化情况，为设备整治提供数据支持。

1. 道岔开口测量

道岔开口是根据不同的设计图号规定的，如表 2 国产速度 250km/h 的 18# 道岔 GLC（07）04 的开口和转辙机动程参数，与表 3 国产速度 350km/h 的 18# 道岔客专线（07）009 转换设备主要参数的区别是心轨的开口不一样。

表 2　国产速度 250km/h 的 18# 道岔转换设备主要参数

	尖轨牵引点数	3
	尖轨密检器数（对）	2
	心轨牵引点数	2
位置	尖轨开口（mm）	转辙机动程（mm）
尖轨一动	160	220
尖轨二动	118	220（170）
尖轨三动	71	150（150）
心轨一动	115	220
心轨二动	57	150（150）

表 3　国产速度 350km/h 的 18# 道岔转换设备主要参数

	尖轨牵引点数	3
	尖轨密检器数（对）	2
	心轨牵引点数	2
位置	尖轨、心轨动程（mm）	转辙机动程（mm）
尖轨一动	160	220
尖轨二动	118	220（170）
尖轨三动	71	150
心轨一动	119	220
心轨二动	59	150

道岔开口定、反位两侧应基本相同，两侧开口相差不超过 3mm。测量时要注意是否存在假开口，不能以假开口进行开口的调整，假开口过大会导致斥离轨卡缺口故障。测量时还应注意测量方法，尺子应低于轨面 16mm，使尺子保持水平状态，如图 23 所示。

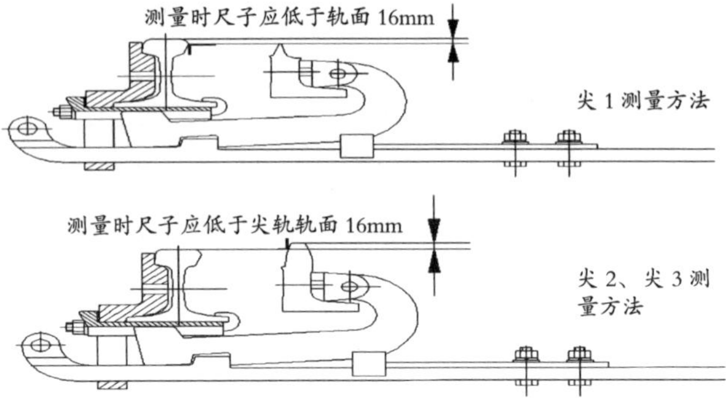

图 23　道岔尖轨开口测试方法

2. 道岔锁闭量测量

锁闭量也就是锁钩和锁闭杆凸台的重合面（如图 24 所示）。各牵引点和密贴检查部位的尖轨斥离位置与基本轨间动程和外锁闭装置的锁闭量定、反位两侧应均等，偏差应不大于 2mm。应满足尖 1、心 1 锁闭量大于 35mm，其他牵引点锁闭量要大于 20mm。

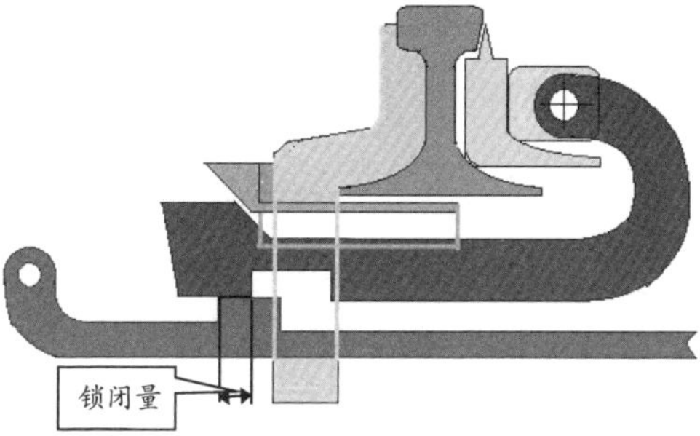

图 24　锁闭量

单个牵引点开口和锁闭量偏差大于 2mm 时，会导致该牵引点与另外牵引点动作不一致，在道岔转换过程中，单个牵引点需要牵引整组道岔尖轨动作，会出现道岔解锁困难，杆件别劲、卡阻现象，从而降低道岔杆件使用寿命。

道岔开口和锁闭量不是同侧大或者同侧小时，在道岔转换过程中，会造成锁闭杆凸台卡住锁钩凹槽时机不一致，间接影响密贴位尖轨向斥离位动作时的启动时间，从而影响道岔杆件承受力和使用寿命。

3. 道岔外锁装置及转辙机安装水平的测量

使用水平尺测量锁闭框、锁闭铁、尖轨连接铁、托板以及转辙机等安装装置水平。

锁闭框、锁闭铁、尖轨连接铁、托板以及转辙机是否水平是道岔转化过程中是否顺畅的关键，任何一个存在不水平都可能导致侧磨而产生阻力，如图 25 所示。

图 25　锁钩不水平导致的锁钩头侧磨

转辙机水平要求是外高内低但不能超过 5mm，否则锁闭杆伸出、拉入时会与机壳产生摩擦力，增大转换阻力。

4. 道岔方正的测量

道岔的设计理论是，基本轨轨头与各牵引点中心线，构成一个闭合的正长方形，在转换过程中锁闭杆呈直线运动。但道岔尖轨、心轨转换通过转辙机带动杆件运动完成，整个过程受左右、上下通道的限制，一旦这两者任何一处发生了变化或不稳定，就会造成转换受阻。在现场实际情况中，造成道岔不方正的原因有多种，如道岔施工铺设不达标、道岔应力放散不达标、道岔焊联数据不达标，以及后期使用保养不规范等。因此必须严格控制道岔的方正，使其在转换过程中不受通道内任何因素的影响。

使用方正检查尺，对道岔尖轨、基本轨不方

正测量进行检查记录。将方尺以密贴位置基本轨尖轨尖端为基准点，呈直线摆正。在密贴位置基本轨做好标记。操动道岔，将方尺以密贴位置基本轨尖轨尖端为基准点，呈直线摆正。在斥离位置基本轨做好标记。使用钢尺测量标记点距离，完成尖轨相错量的测量。

使用方正检查尺，测量各牵引点两锁闭框与锁闭杆呈直线后的相错量。

使用卷尺测量牵引点安装锁闭框的中心到两枕木的距离。不同的类型道岔图号枕木到安装孔中心的距离也不一样，如图26所示，客专（07）009的枕间距是650mm，前360mm，后290mm。SC330、专线4249等的枕间距也是650mm，但是前350mm，后300mm。

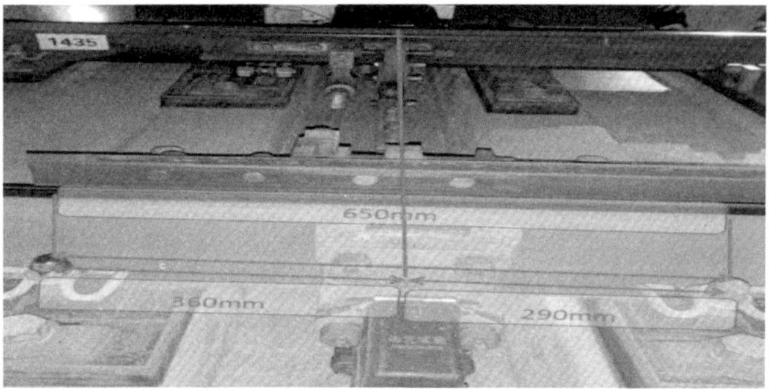

图 26 客专（07）009 枕间距

5. 密贴力、工作油压和溢流油压的测试

密贴检查应根据《高速铁路信号维护规则》采用电动、电液转辙机牵引的道岔，道岔尖轨与基本轨、心轨与翼轨应密贴。牵引点（分动外锁闭锁闭杆处，联动尖轨牵引点尖轨连接杆处）及密贴检查位置处，尖轨与基本轨、心轨与翼轨在下列情况下应满足的要求为：

（1）单点牵引道岔牵引点及多点牵引道岔第一牵引点中心线处密贴尖轨（心轨）与基本轨（翼

轨）间有 4mm 及以上水平间隙时，其余密贴段牵引点中心线处有 6mm 及以上水平间隙时，不应锁闭或接通道岔表示。

（2）直向通过速度大于 120km/h、小于或等于 160km/h 的道岔，尖轨牵引点间有 10mm 及以上水平间隙时，不应接通道岔表示。

（3）直向通过速度大于 160km/h 的道岔，在两牵引点间有 5mm 及以上水平间隙时，不应接通道岔表示。

①检查宏观密贴，使用塞尺检查测量各牵引点、两牵引点间的宏观密贴情况，在调查表中填写最大间隙数据，尖轨、心轨尖端至第一牵引点范围内其缝隙不应大于 0.5mm，其余部位不应大于 1mm。

②进行油压测试，工作压力不大于 10MPa，溢流压力不大于 14MPa，将溢流压力调至上限。

③用密贴检查片试验尖轨、心轨第一牵引点

2mm 锁闭、4mm 不锁闭的情况，其他牵引点根据不同要求测试，保证 6mm 不锁闭。

6. 静态拉力和动态拉力的测试

使用道岔转换拉力测试仪对道岔静态拉力、转换拉力、故障拉力等各项数据进行检查记录，纳入设备整治研判分析库。道岔的转换阻力不得大于电动（液）转辙机的牵引力，转辙机的牵引力应符合规定标准。

7. 工电结合检查测试

道岔框架尺寸是衡量一组道岔是否存在工电结合部问题的标准，基本轨框架尺寸是指两基本轨之间的距离。熟练掌握框架尺寸测量方法能够准确判断道岔结合部问题；严格按照道岔框架尺寸标准整治道岔，能够从源头根除道岔病害，防止道岔因结合部问题引发的道岔曲线不良、磨耗超标等设备故障。

道岔的日常维修、整治都需要基础数据支

持。基于道岔图号的多样性，对应的道岔数据也各不相同。如 P601/18 及以上道岔一般为 1435mm 的标准轨距，而 P601/18 以下道岔则有曲股轨距加宽之别，且道岔图号不同，曲股轨距也各不相同。

各部位密贴良好、轨距达标是工务、电务追求的目标。因此在结合部方面，工务、电务要共同进行维标才能避免道岔故障。

用方正检查尺对牵引点中间位置（动作杆位置）进行测量，注意要以直股作为基准，配合使用钢尺测量牵引点框架尺寸，如图 27 所示。

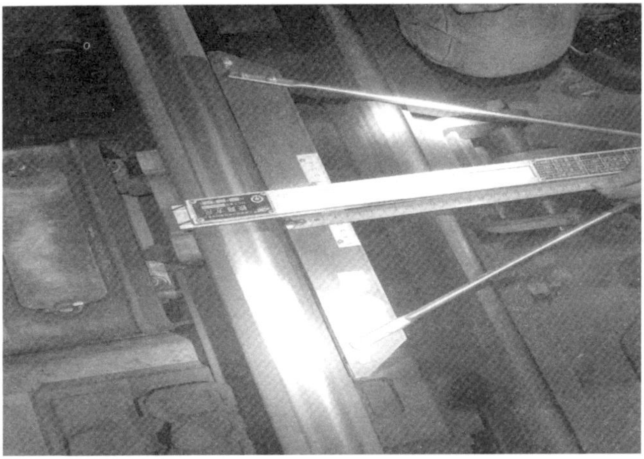

图 27　方正检查尺测量框架尺寸

尖轨、心轨、基本轨的爬行、窜动量不得超过 20mm，限位铁两边应有间隙，尖轨、心轨、基本轨的爬行、窜动不得影响道岔方正，以免造成杆件别劲、磨卡及外锁闭锁闭框调整孔无调整间隙。

将方尺垂直放在直股基本轨前接头夹板跟端处，然后用钢卷尺测量直、曲基本轨接头端部至方尺间的距离，测量两股基本轨接头端部距离的差数就是道岔左右股之间的爬行量，也称接头错差量。将方尺垂直放在尖轨尖端处，测量两根尖轨之间的爬行量。

尖轨、心轨顶铁与轨腰的间隙均不应大于1mm，且间隙应均匀。用塞尺检查各部位顶铁与轨腰的间隙时须对全部插通进行检查，保证顶铁头部与轨腰间隙均匀。

道岔转换时基本轨横移不得导致道岔的4mm锁闭。道岔尖轨防跳限位器、各部位轨距调整块作用良好，不得影响道岔正常转换，斥离轨游离不得造成道岔静态失去表示。道岔“三道缝”（如图28所示）病害的存在，导致列车通过时或试验4mm时，轨撑不能阻止基本轨横移，压不住、顶不死，造成道岔方向不良、轨距变化、4mm失效，表示缺口变化。

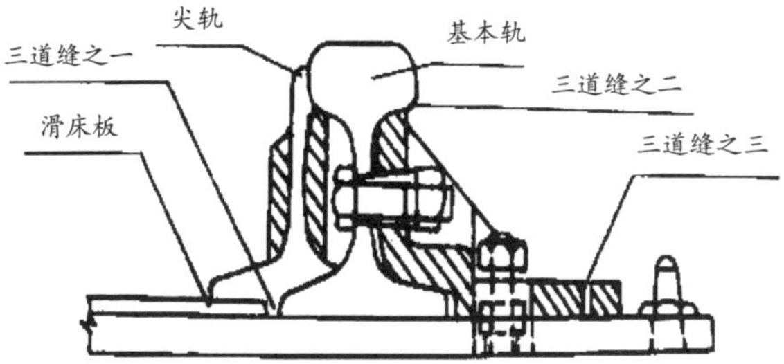

图 28　道岔“三道缝”

尖轨、心轨底部与滑床台间隙符合要求，滑床板无影响道岔转换的脱焊、断裂、塌陷、凹槽、侧斜的检查。

尖轨、心轨无影响道岔转换、密贴的翘头、拱曲、侧弯、肥边和反弹，甩开转换道岔杆件，人工拨动尖轨、心轨，刨切部分应与基本轨、翼轨密贴。心轨、尖轨尖端至第一牵引点范围内其缝隙不应大于 0.5mm，其余部位缝隙不应大于 1mm。

四、调标准

根据前面三步发现的标准偏差和设备异状进行精调，保证道岔各项参数达标。

1. 调水平

对外锁安装部件及转辙机各个部位用水平尺进行调整，保证各个部位无侧磨。

2. 调辊轮

辊轮作用良好，无过高或过低现象，防跳辊轮无严重磨尖轨（如图 29 所示）。针对辊轮调整的标准和方法难以掌握这一难题，吴亚军工作室研发了道岔辊轮精调仪（如图 30 所示），将辊轮调整需要多次操作的步骤，简化为一步操作。利用机械原理将离缝间隙的测量、辊轮高度的核算等衔接起来，只要将道岔辊轮精调仪放置在滑床板与辊轮处，就能完成道岔辊轮精准调整，其精准度能达到 0.1mm，作业质量统一，提高了道岔标准化检修整治作业水平。

图 29　防跳辊轮严重磨尖轨

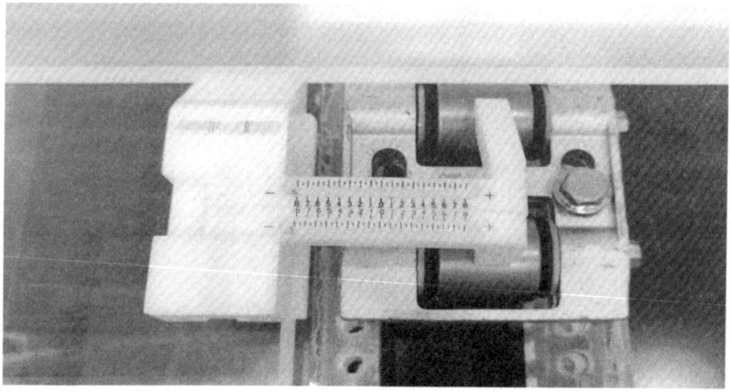

图 30　道岔辊轮精调仪

传统方式的调整有时会忽略滑床板与尖轨之间的离缝，而且误差较大，导致道岔油压和功率曲线报警，给道岔稳定运用带来了安全隐患。使用道岔辊轮精调仪进行调整，不仅提高了精准度，而且提高了道岔设备的运用质量，使因辊轮调整出现的道岔问题减少了 80%，有力保障了安全生产。

3. 调方正

根据测量的数据将道岔定反位锁闭框调整为一条直线。对有砟道岔不达标的枕间距进行方枕，达到设计要求。在进行水泥浇筑时就已固定好的无砟道岔，如果存在转辙机安装不方正，松开安装托板螺栓和转辙机固定螺栓，用撬棍拨动转辙机进行调整，注意这只是对各部螺栓的余量进行微调。

4. 调开口及锁闭量

道岔开口、两侧应基本相同，如相差较大，

通过调整安装装置动作拉杆使两侧开口相差不超过 3mm，检查道岔开口是否符合规定，若开口大于规定值，在尖轨连接铁和尖轨间加调整垫进行调整。动作拉杆上每齿距为 3mm。测试开口时要防止出现假开口，也就是虚开（如图 31 所示）。

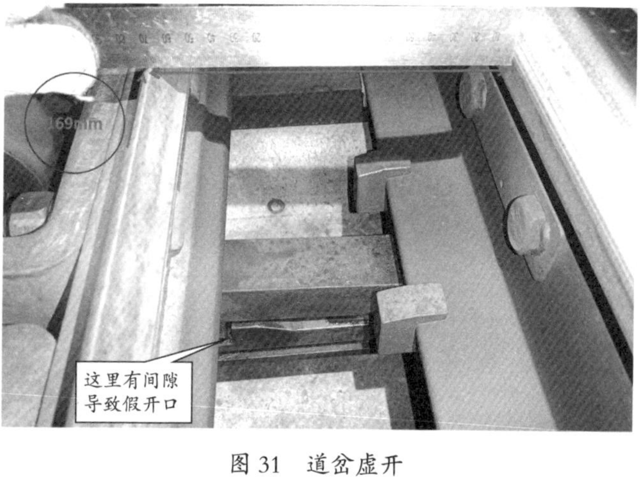

图 31　道岔虚开

道岔虚开的主要原因有：

（1）尖轨本身的弹性变形。钢轨制造完成

后，内部仍存在弯折应力、机加工应力等，在后期使用过程中，随着应力的逐渐释放，会造成轨件变形。由于尖轨较长，扳动过程中其本身储存的反弹力较大，而道岔转换设备只对尖轨密贴有锁闭功能，对尖轨斥离方向并没有限位，所以导致尖轨在自身弹性变形的作用下，会向斥离方向反弹。这种现象在尖轨尖端（靠近岔尖的牵引点）表现尤为明显。

（2）设置反拱带来的影响。大号码（18# 及以上）道岔转辙器部件中，最后一个牵引点与尖轨固定端距离较远，致使该区间尖轨弯曲曲率、弯曲矢度增大。在没有固定外力的作用下，经多次转换后，转辙器部分只能保证尖轨尖端至最后一个牵引点密贴段的工作状态，而后部没有固定外力作用时，受滑床板的摩擦力及钢轨内应力释放等因素影响，其自由跟进量小于设计值，尖轨往往达不到设计的理想线形，从而形成了不足位移。

消除道岔虚开的方法：确认斥离尖轨有无反弹，如果有反弹并且较严重的，要联系工务进行联合整治；如果没有反弹，可通过电务调整进行消除。撬动尖轨检查反弹力，撬不动或反弹力较大，检查尖1、尖2是否有虚开，若有虚开，再测量尖3开口，如果尖3开口偏大则加开口调整垫使其开口调至下限，卸力完成，此时反弹力会明显减小，尖轨虚开会变小，同时可以调整防跳轮，消除虚开。

5. 调密贴

常规的方法是在尖轨与基本轨处加密贴试验片进行密贴试验，但这样无法精准试验出道岔的密贴问题，因此在所有牵引点锁闭铁处进行加减密贴片试验，调到测试要求。如：尖1、心1加入4mm以上的密贴片试到道岔不锁闭，再0.3mm、0.5mm、1mm等并逐渐取出，直到道岔能正常锁闭时取出2mm。密贴试验调整完毕，达到了4mm不锁闭、2mm锁闭的状态。

五、整病害

联合工务、电务进行道岔病害整治，解决顶铁间隙不达标、尖轨反弹、尖轨与基本轨不密贴、基本轨与尖轨不水平、滑床板磨卡等问题。

按照工电联合整治实行“联合检查、联合分析、联合计划、联合作业、联合验收”五联合制度，并逐步将联合作业通知书、表格等纳入管理系统流程控制。

一是电务更换磨耗超标的部件（含锁闭铁、锁钩、锁闭杆、轴销、尖轨连接铁），如图 32 所示，工务更换磨耗超标的滑床板，更换失效胶垫，锚固失效轨枕大螺栓。

图 32　磨耗超标部件

二是整治转辙机安装枕与基本轨不垂直、两安装枕间距不达标的问题，按照设计图对轨枕间距进行调整，恢复设计状态。

三是整治道岔安装孔错位、尖轨相错量超标问题。

四是通过改道、拨道、抬道等方式整治框架尺寸、轨距方向等不达标问题。

五是整治尖轨与基本轨宏观不密贴，对通过整治框架及工务调整后，仍存在不密贴的问题，进行脱杆确认。如脱杆后仍不能密贴，由工务通过调整尖轨顶铁、弯轨、更换尖轨等方式解决；若脱杆后密贴，则由电务进行相应的检查、调整。

1. 尖轨变形后反弹严重

某站 6# 道岔尖轨操反位后无表示，影响动车 6 列，主要原因是斥离轨卡缺口导致道岔无表示。

天窗上道检查发现道岔甩杆后，用撬棍拨动尖轨至密贴，松开撬棍后尖轨反弹出来，尖 3 密贴，尖 1 弹开后开口达到 174mm。通过工务判定为尖轨变形后反弹严重。

（1）整治方法

通过工务弯轨及改道。

（2）效果

用撬棍拨动尖轨至密贴，松开撬棍后尖轨没有反弹出来，尖 3 至尖 1 均宏观密贴，尖 1 开口只有 4 mm 不密贴，尖轨反弹得到了有效整治。

（3）现场道岔尖轨、心轨前密后不密的主要原因

①尖轨、心轨顶铁过长或顶得过紧。

②基本轨、尖轨、长心轨有硬弯。

③曲基本轨第一弯折点位置靠尖轨尖端太近（理论上弯折点在尖轨尖端，但一般以距尖轨尖端 70~90mm 为宜）；曲基本轨第一弯折点弯折量过大（理论上 4m 长弦线拉矢度为 5.2mm，但现场一般是以 4m 长弦线拉矢度为 4.5mm 为宜）。

④尖轨、心轨尖端有方向或轨距偏小，即 1435mm 框架尺寸过小或实际咽喉尺寸 112.8mm 过小，造成尖轨、心轨第一动程不够。

（4）现场道岔尖轨、心轨前密后不密的整治方法

改正道岔的方向，减少方向对密贴的影响。建议改道时，将顶铁部分拆除（与尖轨、心轨离

缝 2~3mm），减少顶铁对密贴的影响。

针对尖轨尖端可动心轨以及一动、二动、三动不密贴改框架尺寸、轨距后，由电务部门调整密贴。

整修过长或过短的顶铁，规范顶铁垫插片作业。尖轨、心轨部分的顶铁离缝，有时是一种表面现象，不能看到离缝就用插片去垫。

校正基本轨弯折点的位置与弯折量，使之符合设计要求。整修基本轨或尖轨硬弯，长短心轨或翼轨硬弯。

整治尖轨、可动心轨爬行。加强各种螺栓的扭矩与扣件压力，减少温度、应力的密贴影响。

2. 尖轨牵引点前后宏观不良，动作阻力增大

某站 8# 道岔 J1-J2 牵引点间离缝大，间隙可达 4~6mm（如图 33 所示），造成尖轨牵引点前后宏观不良，动作阻力增大。

图 33　J1–J2 牵引点间离缝

检查测量 J1-J2 之间各基本的宏观离缝；测量 J1-J2 各基本的道岔框架尺寸；撬动尖轨检查尖轨反弹情况；工务拉悬线确定各测量点与基本轨间距离，确定尖轨是否变形。

在框架尺寸超限情况下，首先调整框架尺寸达标；确定尖轨存在变形，进行弯轨或换轨整治（如图 34 所示）。

图 34　工务对变形尖轨进行弯轨

对三道缝（如图 35 所示）、辊轮高度进行整治，重点整治尖轨离缝超标、顶铁间隙不达标和基本轨横移问题，整治尖轨磨滑床板问题和心轨滑床板磨痕问题。

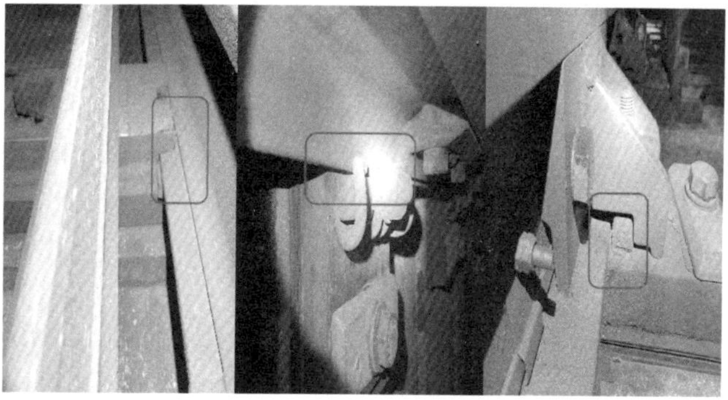

图 35 三道缝实例

对道岔进行调标，对道岔锁闭框、锁闭铁、L 铁、U 形铁及转辙机水平进行调整；更换磨耗超标部件，调整道岔开口锁闭量、密贴及缺口。

对道岔进行清扫，做好防松标识，对道岔框架尺寸、型号等进行标识。

第三讲

高铁道岔五步整治工作法的实践应用与成效

一、实践过程

在后期的新线高铁联调联试道岔精调工作中运用了高铁道岔五步整治工作法，取得了显著效果。为确保精调质量，高铁道岔整治严格遵守《高速铁路信号维护规则》技术标准，通过合理的施工安排进一步细化充实作业内容，将作业工序、检查方法、工作标准、作业人员协同等标准化作业细节全部进行编排固化。作业从开始到完成过程中，统一布置具体工作项目内容，统一作业流程。将高铁道岔标准化作业表格化。将作业工序、作业组分工、作业项目、作业内容、作业标准进行项目清单化。职工方便对表自查，掌握标准，确保了作业过程的统一规范化和作业标准化。

测量分析：在作业过程期间，利用支距尺、钢卷尺、道尺等工具对道岔进行精细测量，包括基本轨、尖轨的爬行扭曲情况、轨枕间距、轨距及框架尺寸等。同时，还利用塞尺和轨缝尺量取顶铁和限位器的离缝和尺寸，以全面分析道岔存在的问题。

调整优化：在测量分析的基础上，对道岔进行有针对性的调整优化。例如，针对尖轨离缝问题，通过液压弯轨器对基本轨进行矫正；针对道岔密贴力不足的问题，与厂家合作，不断尝试将密贴调整垫片的厚度从 0.5mm 减薄至 0.3mm，使道岔密贴力变化范围精确到 0.1mm，实现了道岔的精准调整。

质量监控：调整优化后，进行严格的质量监控，确保道岔的各项参数符合标准要求。通过多次复测和验证，确保整治效果达到最佳状态。

闭环管理：整治完成后，由工务和电务双方进行验收，共同维标形成闭环管理。这一措施确保了设备的长期稳定性和安全性，为行车安全提供了有力保障。

二、关键技术创新

高铁道岔五步整治法的成功实践，离不开一系列关键技术的创新。其中，最具代表性的是道岔“身份证”编码制度的创立和道岔密贴力精准调整技术的突破。

道岔“身份证”编码制度：吴亚军团队首创的道岔“身份证”编码制度，为每一组道岔建立了详细的身份信息库。这一制度不仅便于日常管理和维护，还为后续的检修和整治工作提供了重要的数据支持。

道岔密贴力精准调整技术：首创了锁闭铁密贴实验法，大大提高了道岔的精确性和安全性，为高铁列车的平稳运行提供了有力保障。

道岔辊轮精调仪：省去了烦琐的测量程序，操作简单，使劳动生产率提高了 50%。

三、实施成效

高铁道岔五步整治法的实施，取得了显著的成效。首先，道岔故障率下降了40%，整体道岔运用质量也得到了明显加强。其次，行车安全得到了有力保障，为乘客提供了更加舒适和安全的出行体验。最后，通过综合整治和改造，还节省了大量的资金和资源，实现了经济效益和社会效益的双赢。

四、未来展望

随着高铁技术的不断发展和应用，高铁道岔的整治工作也面临新的挑战和机遇。未来，亟须进一步加强技术创新和人才培养，不断完善高铁道岔五步整治法，提高整治效率和质量。同时，还需要加强与其他国家和地区的交流与合作，共同推动高铁技术的发展和进步。

总之，高铁道岔五步整治法的成功实践，为

高铁道岔的整治工作提供了宝贵的经验和借鉴。相信在全体铁路工作者的共同努力下，高铁道岔的整治工作将不断取得新的突破和进展，为高铁事业的发展贡献更大的力量。

后 记

在中国铁路这片热土上，我作为一名普普通通的一线职工，在近30年的工作中不断追求自己的梦想，通过自己不懈地努力，荣获了全国五一劳动奖章，这不仅是对我个人辛勤付出的肯定，更是对所有战斗在生产一线的铁路人的崇高致敬。

“宝剑锋从磨砺出，梅花香自苦寒来。”一路走来，我一直把《警世贤文·勤奋篇》里的这句话作为座右铭。用自己的行动诠释了“学无止境”的真谛。面对非科班出身的挑战，我从不言弃，以勤勉和钻研的态度，逐步成长为行业内的佼佼者。我想给所有奋斗在一线的普通工人说，无论起点如何，只要心怀梦想，脚踏实地，就能在平凡的岗位上书写不平凡的篇章。

我深知身行一例胜似千言的这个道理，要以“全神贯注，矢志不渝”的毅力，将工作做到极致，用实际行动诠释“精益求精”的深刻内涵。我创立的吴亚军劳模工作室和大师工作室，不仅推动了高速铁路道岔技术的革新，更激发了广大职工对技能提升的渴望和对工匠精神的追求。

我深感自己肩上的责任重大，将继续坚守岗位，发扬铁路工人的优良传统，在创新创造上再立新功。在新时代的征程中，我们应当弘扬劳模精神、劳动精神、工匠精神，用双手和智慧创造更加美好的未来！

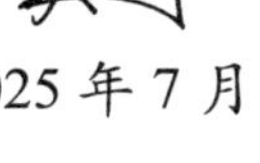

2025 年 7 月

图书在版编目（CIP）数据

吴亚军工作法：高铁道岔五步整治 / 吴亚军著.
北京：中国工人出版社，2025. 8. -- ISBN 978-7-5008-8547-4

Ⅰ. U238

中国国家版本馆CIP数据核字第2025RC8714号

吴亚军工作法：高铁道岔五步整治

出 版 人	董　宽
责任编辑	时秀晶
责任校对	张　彦
责任印制	栾征宇
出版发行	中国工人出版社
地　　址	北京市东城区鼓楼外大街45号　邮编：100120
网　　址	http://www.wp-china.com
电　　话	（010）62005043（总编室） （010）62005039（印制管理中心） （010）62379038（职工教育编辑室）
发行热线	（010）82029051　62383056
经　　销	各地书店
印　　刷	北京市密东印刷有限公司
开　　本	787毫米×1092毫米　1/32
印　　张	3.375
字　　数	50千字
版　　次	2025年8月第1版　2025年8月第1次印刷
定　　价	28.00元

本书如有破损、缺页、装订错误，请与本社印制管理中心联系更换

优秀技术工人百工百法丛书

第一辑　机械冶金建材卷

第二辑　海员建设卷

100 ARTISANS AND 100 TECHNIQUES SERIES
蔡连财工作法
半潜船浮装操作
常洪霞工作法
公交安全驾驶与服务
陈宇航工作法
大型管道装配
陈竹祥工作法
汽车漆膜修补
程克辉工作法
常用焊接操作技能
勾常春工作法
盾构注浆“制一运一注”一体化集成系统
李燕肇工作法
古建彩画颜料调制及彩画工艺流程
廖明工作法
地铁司机应急处置技能培训
魏钧工作法
焊接十步操作法
吴喜军工作法
桥梁伸缩缝微创技术
翟筛红工作法
古建筑冰纹窗制作
竺士杰工作法
远控集装箱岸桥操作法

第三辑　能源化学地质卷

100 ARTISANS AND 100 TECHNIQUES SERIES
陈可营工作法
海洋油气生产绿色数智化设计与应用
100 ARTISANS AND 100 TECHNIQUES SERIES
程平工作法
钴基60硬质合金真空水冷堆焊
100 ARTISANS AND 100 TECHNIQUES SERIES
丁正江工作法
焦家式金矿预测勘查
100 ARTISANS AND 100 TECHNIQUES SERIES
华伶利工作法
松散地层钻进取心
100 ARTISANS AND 100 TECHNIQUES SERIES
黄兆亮工作法
航改型燃气轮机蜂窝封严钎焊修复
100 ARTISANS AND 100 TECHNIQUES SERIES
琚永安工作法
架空地线复合光缆的电动旋切
100 ARTISANS AND 100 TECHNIQUES SERIES
李辉工作法
用试验电压检测变电站一、二次设备交流回路整体组合工况
100 ARTISANS AND 100 TECHNIQUES SERIES
李祖锋工作法
抽水蓄能电站控制测量方案优化
100 ARTISANS AND 100 TECHNIQUES SERIES
刘清工作法
煤矿无人化智能开采控制系统
100 ARTISANS AND 100 TECHNIQUES SERIES
毛玉泉工作法
贵细中药材鉴别应用
100 ARTISANS AND 100 TECHNIQUES SERIES
齐名工作法
应用STC单片机
100 ARTISANS AND 100 TECHNIQUES SERIES
秦钦工作法
矿井安全监控设备辅助安装及故障分析处理

100 ARTISANS AND 100
TECHNIQUES SERIES
孙同根
工作法
S Zorb装置
优化

100 ARTISANS AND 100
TECHNIQUES SERIES
王月鹏
工作法
基于绝缘平台的
绝缘杆作业法

100 ARTISANS AND 100
TECHNIQUES SERIES
王跃
工作法
滴定分析的
判断与控制

100 ARTISANS AND 100
TECHNIQUES SERIES
杨新海
工作法
车载移动测量技术
在实景三维成果
质量检验中的应用

100 ARTISANS AND 100
TECHNIQUES SERIES
杨义兴
工作法
油田修井现场
清洁生产
技术应用

100 ARTISANS AND 100
TECHNIQUES SERIES
游弋
工作法
煤矿供电系统
防晃电
设计与应用

100 ARTISANS AND 100
TECHNIQUES SERIES
余姝
工作法
高陡峡谷区
地质灾害调勘查

第四辑　国防邮电卷

100 ARTISANS AND 100 TECHNIQUES SERIES
高凤林工作法
钢/铝异种金属软钎焊制造

100 ARTISANS AND 100 TECHNIQUES SERIES
曹彦生工作法
航天结构件数控铣削加工工艺

100 ARTISANS AND 100 TECHNIQUES SERIES
陈久友工作法
轻量化金属构件高性能激光焊接

100 ARTISANS AND 100 TECHNIQUES SERIES
陈佐佐工作法
数字化纤芯管理方案

100 ARTISANS AND 100 TECHNIQUES SERIES
洪家光工作法
典型产品车削加工

100 ARTISANS AND 100 TECHNIQUES SERIES
秦世俊工作法
直升机动部关键件、重要件数控加工

100 ARTISANS AND 100 TECHNIQUES SERIES
陶安工作法
高精度、高硬度螺纹环规二次车削及专用夹具

100 ARTISANS AND 100 TECHNIQUES SERIES
王刚工作法
高精度铰孔精准控制

100 ARTISANS AND 100 TECHNIQUES SERIES
徐珺工作法
全光组网安装维护交付

第五辑　财贸轻纺烟草卷

第六辑　农林水利卷

第七辑　金融卷

第八辑　铁路卷